休閒手工藝系列 ③

珠珠生活裝飾

利用串珠剩餘的珠子，經過巧手的創意成了一個個美麗的裝飾。

吳素芬 編著

前言

利用串珠剩餘的珠子
經過巧手的創意
成了一個個美麗的裝飾

FORWORD

無論您是X，Y，Z，
或E世代新新人類，
都有一套自己特有的裝飾美學，
只要加入一點巧思，
一點裝飾，
就能點綴您的美麗人生，
每天有好心情，
每天過好生活。

金屬線類，
並非以往想像中的冰冷生硬，
相反的鋁線是非常柔軟易折富變化的.
加入一些珠珠等材料，
它能任您隨心所欲的作各式造型.
工具簡單，
材料便宜，
製作時間短，
每個人皆可容易動手做.

目錄

工具材料
Tools & Materials

TOOLS 工具

尖嘴鉗
斜口鉗
剪刀
尺
強力接著劑（AB膠）
適用於金屬，玻璃，陶瓷
保麗龍膠
白膠
雙面膠

各式圓軸
（彩色筆，傳真機碳帶捲軸，塑膠袋捲軸，圓形杯，桿麵棍⋯⋯）
鑽子
打洞器
熱溶槍
圓規

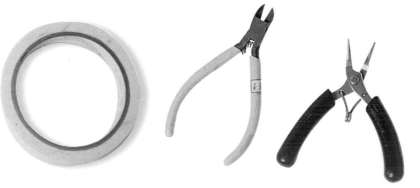

材料

各式珠珠、石頭、
貝殼、彈珠
各式空容器、
各種尺寸鋁線、
鐵線、 銅線、 銀線、
鎳線

MATERIALS

基本技法
The Basic Skills

基本
Basic

A.<圓線圈>

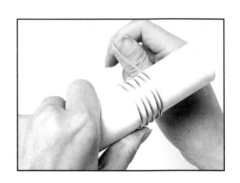

依所需之原始寸大小、找尺寸相同之圓柱狀棒、或罐子為軸、開始繞圓圈、再依所需之圓圈數量繞圓。

B.<線圈>

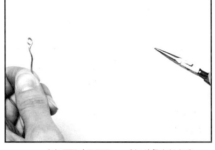

1 線圈起頭：先將線折一9字狀，餘線再開始繞圓圈（依實際所需，決定頭尾是否加9字狀）

2 線圈結尾：同樣折9字狀收尾（依實際所需，決定頭尾是否加9字狀）

C-1.<增加強度>（2線互纏）

1 以粗線為主線，再以細線纏繞主線。

2 依所需長度，再折成所需形狀。

C-2.<增加強度>（2線互纏）

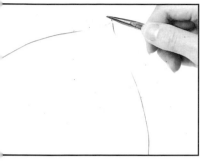
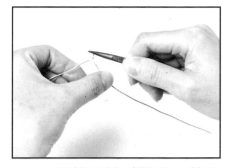
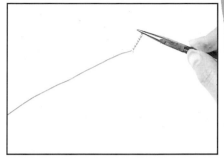

1 兩粗線相同，以尖嘴鉗夾住開端線頭。

2 兩線互繞（順向or逆向皆可）。

3 依所需決定長度，再折成所需形狀可以增加強度or兩線不同色增加美觀。

D.<麻花>（3線互纏）

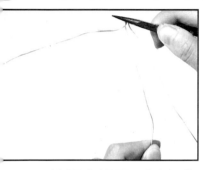

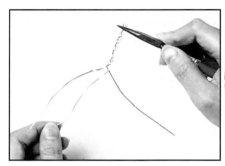

1 三線粗度相同，以尖嘴鉗夾住開端線頭，左線拉至中間。

2 右線拉至中間，左線再拉至中間。（重複左往中、再右往中動作）

3 依所需決定長度。

E.<S形>（8字形）

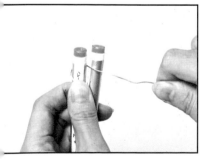
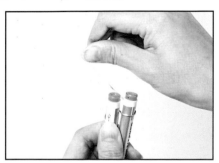
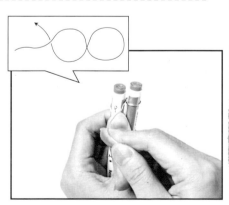

1 依所需圓形大小而定，以兩根同尺寸之棒、棍or筆桿等物為軸，左手壓住左線頭，將線由左筆桿後方往2筆桿中間前方繞。

2 線往右筆桿後方繞。

3 線由右筆桿後方往2筆桿中間前方繞，最後剪掉頭尾多餘線頭，成S狀（8字狀）。

7

技法
Skills

F. 9字

以尖嘴鉗夾住開端線頭，將線折直角，往內繞圓。

G. 彎角

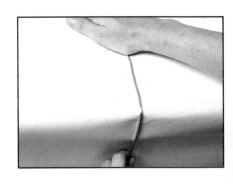

如較粗的線（硬度較大），不易以尖嘴鉗折角，可利用桌緣作為彎角用。

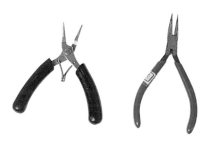

H. 剪法

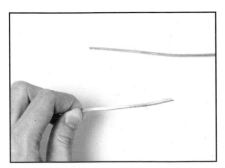

1 剪線頭須剪正（上），勿剪成斜口（下）。

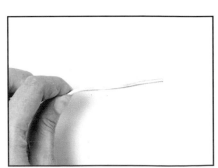

2 正確。

●注意事項●

1. 勿剪斜口。

2. 鋁線較鐵線易折，但重量較輕，須在底部增加重
   量才穩固 或以雙線纏繞增加強度。

3. 轉彎可以各種圓軸繞。

4. 粗鋁線較硬不易折，可靠於桌緣折。

●材料購買指南●

珠珠類

a. 各大串珠DIY手藝材料店

b. 台隆手創館：台北市復興南路一段39號A棟6樓　TEL#02-8772-1116

　億品服裝材料行：台北市天水路56號　TEL# 02-2556-2597

　梅嬌服飾材料有限公司：台北市天水路54號　TEL# 02-2556-2597

　旺代企業有限公司：台北市天水路40-42號　TEL#02-2558-0841

　東美飾品材料行：台北市長安西路235,237號　TEL#02-2558-8437

　151飾品DIY材料行：台北市延平北路一段51號　TEL#02-2550-8899

　　　　　　　桃園市中山東路32號B1　TEL#03-336-7788

　　　　　　　台中市繼光街158號　　TEL#042-227-3366

　　　　　　　高雄市中山路一段6號　TEL#07-272-7888

線類

a. 五金材料行 （或北縣市民眾可至太原路購買各種銅，鋁，鐵，塑膠類
　　　　　　材料）

b. 台隆手創館：台北市復興南路一段39號A棟6樓　TEL#02-8772-1116

　　　（各式珠珠及彩色鋁線，銅線，鐵線……）

大總覽
The Creation

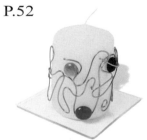

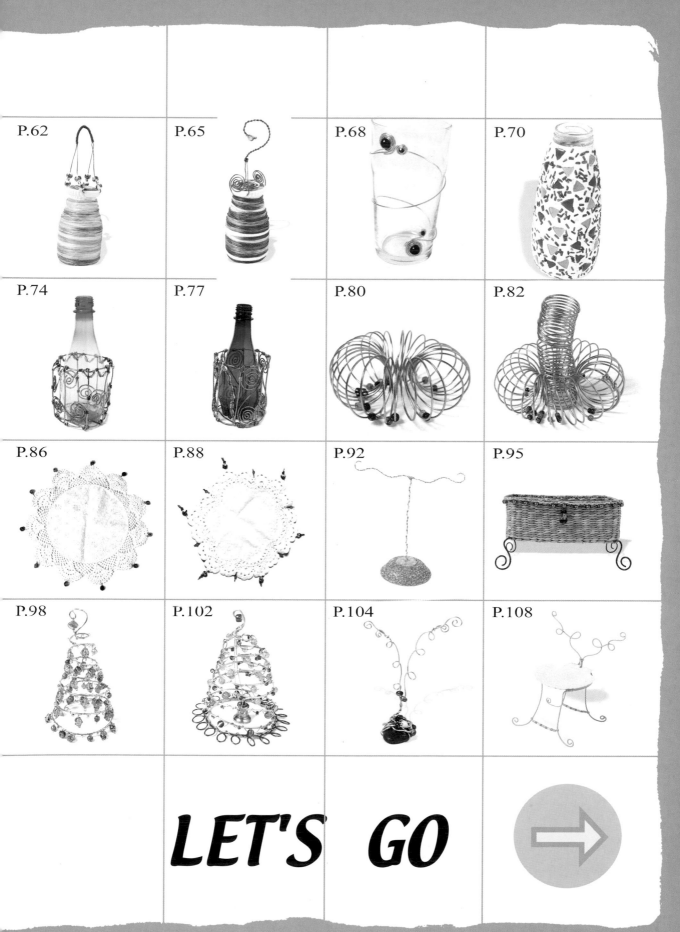

LET'S GO

名片夾

1

Name-card holder

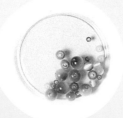    

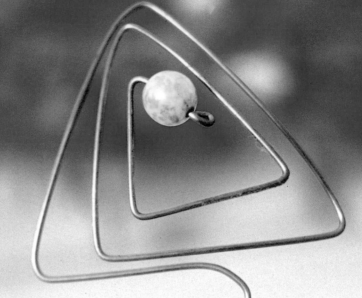

NO.1

便條紙夾/名片夾/相片夾

Message, name-card, picture holder

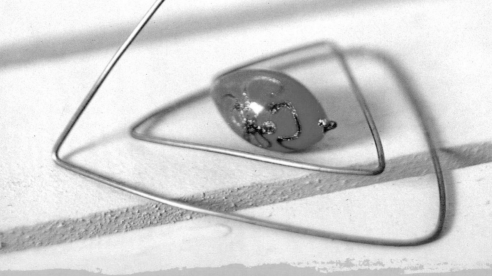

tools,materials,size

【工具】

1MM 銅線

圓形珠　1顆（調節滑動度及裝飾用）

橢圓形珠　1顆（增加底部重量及裝飾用）

【尺寸】

深:5CM×寬:6.5CM×高:10CM

〔10×6.5〕SIZE/CM

名片夾
Part-1

作法 HOW TO DO

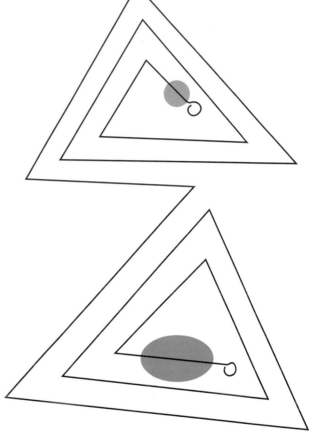

步驟1

上半部之三角形： 折一9字再穿入珠子,再折3個由大而小之三角形。

如右圖示 1：1比例繞銅線

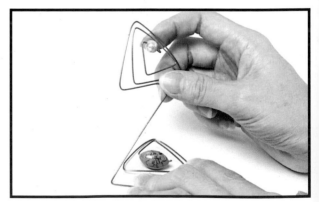

步驟2

下半部之三角形:餘線續折另三個由大而小之三角形,尾端穿入一顆珠子並折一9字作為結尾。

步驟3

將下半部之三角行往後方90度折,即可為立體之便條紙夾。

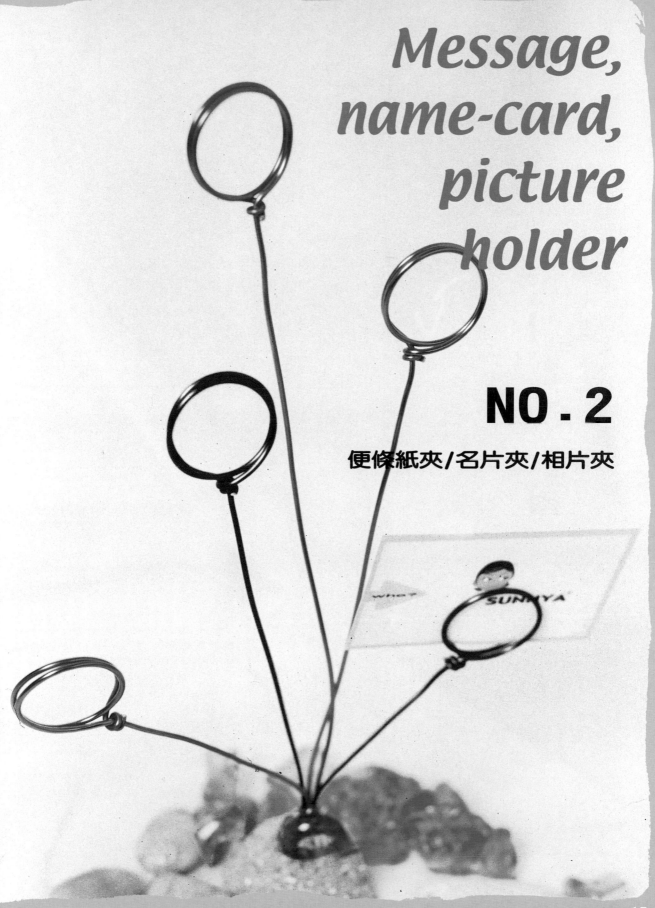

Message, name-card, picture holder

NO.2

便條紙夾/名片夾/相片夾

名片夾
Part-1

tools,materials,size

【工具】
2MM 深粉色鋁線
2MM 藍色鋁線
1MM 藍色鋁線
方形果凍盒1個
珠珠或貝殼等裝飾物 少許

【尺寸】
深：5CM×寬：20CM×高：30CM

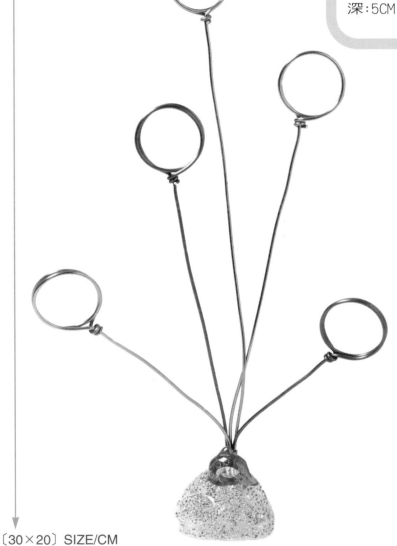

〔30×20〕SIZE/CM

作法 HOW TO DO ➡

步驟1

以塑膠袋捲軸繞圓2圈（直徑約3CM），並留根部長度，長短不一，共作出5根（根部各約8CM，10CM，15CM，18CM，24CM），再用1MM藍色鋁線將五根線纏在一起。

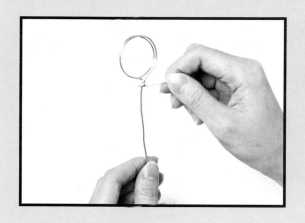

步驟2

將果凍盒底部用鑽子鑽洞，再將5合1之鋁線穿入果凍盒，每根鋁線底端繞圓結尾，成為5根爪子以平衡底部重心。

步驟3

將果凍盒塗上保麗龍膠，再灑上裝飾用小珠。

NO.3

**耳環掛架/便條紙夾/
名片夾/相片夾**

*Hand-made decorative ,
message , name-card ,
picture holder*

tools,materials,size

【工具】
1.5MM鋁線
MM鋁線
鈕釦　1顆
珠珠　少許

【尺寸】
深：6CM×寬：4CM×高：14CM

〔14×4〕SIZE/CM

名片夾
Part-1

作法 HOW TO DO →

步驟1

如左圖示1：1比例繞鋁線，中間
可穿入少許珠子，由上往下折。

步驟2

將鋁線穿過鈕釦洞內，拉至外面
折腳（如下圖示），另外加入2支腳
（作法相同），3支腳的上方以1MM
鋁線纏繞固定。

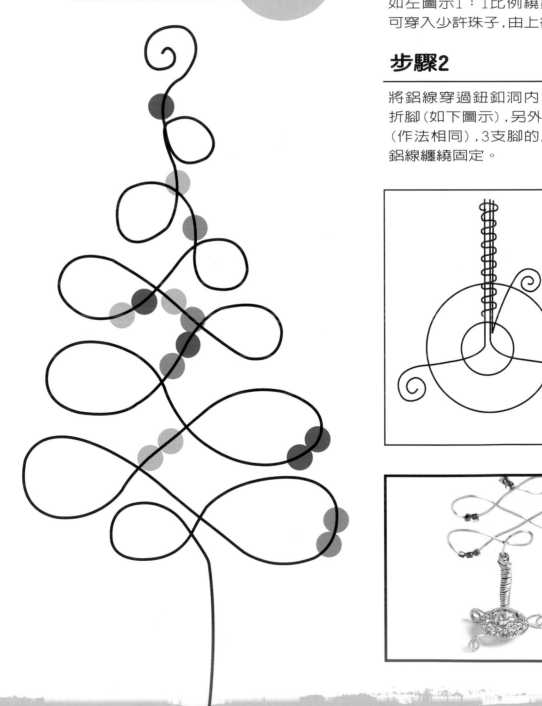

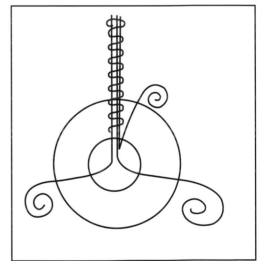

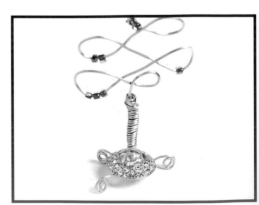

耳環架

Hand-made
decorative
holder

Hand-made decorative message, name-card, picture holder

NO.4

耳環掛架/便條紙夾/ 名片夾/相片夾

tools,materials,size

【工具】
1.5MM 鋁線
1MM鋁線
圓形水晶玻璃或石頭　1個
珠珠少許

【尺寸】
深：5CM×寬：5CM×高：22CM

〔5×22〕SIZE/CM

作法 HOW TO DO ➡

步驟1

折2根不等長之鋁線(一約為17CM
,另一約為15CM),如左圖示。

步驟2

2根鋁線互相纏繞,各以十字形繞
圓形水晶玻璃底部(可用1MM鋁線
穿入洞口徑較小之珠珠,另外纏
繞於圓形水晶玻璃)。

框
Part-2

框

NO.2 化妝鏡框

NO.3 鏡框/相框

NO.4 鏡框/相框

2

Frame

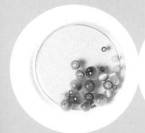   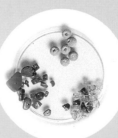 

框
Part-2

NO.1
雙面相片吊框

Picture frame

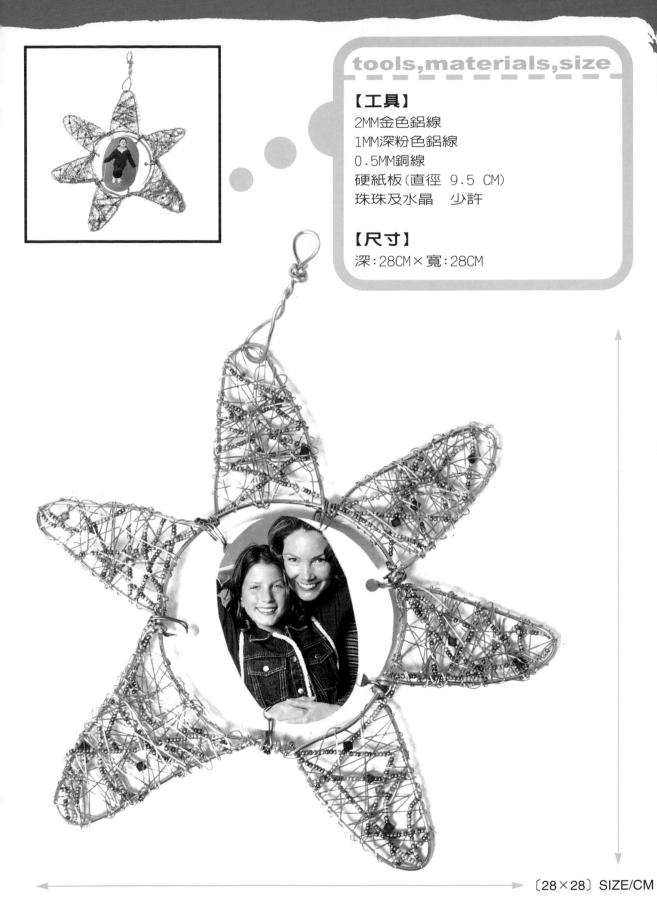

【工具】
2MM金色鋁線
1MM深粉色鋁線
0.5MM銅線
硬紙板（直徑 9.5 CM）
珠珠及水晶　少許

【尺寸】
深：28CM×寬：28CM

〔28×28〕SIZE/CM

框
Part-2

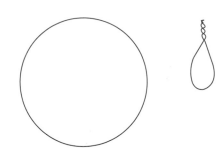

步驟1

折一直徑11CM之圓圈（用
大小相同之圓柱物當圓軸
繞圓）。

步驟2

將圓分為6等份並作記
號，用餘線續折出6個三
角形，每一三角形須回繞
中心圓圈才能固定。

步驟3

另以0.5MM銅線穿入裝飾
用珠珠，隨意纏繞在6個
三角形上。

步驟4

剪一直徑9.5CM之硬紙板為相片黏貼底板,並用打洞器打上與6個三角形對等的洞,再以1MM深粉色鋁線鉤住相框。

步驟5

再作一吊鉤。

框
Part-2

NO.2
化妝鏡框

Wardrobe

mirror

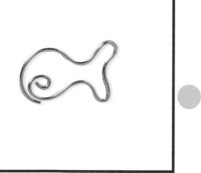

tools,materials,size

【工具】
木質鏡框或相框　1個
2MM金色，粉色，藍色 鋁線
1MM 金色，粉色，藍色 鋁線
貝殼，海星，紫紋蛤蜊　少許
珠珠　少許

【尺寸】
長：26CM×寬：26CM

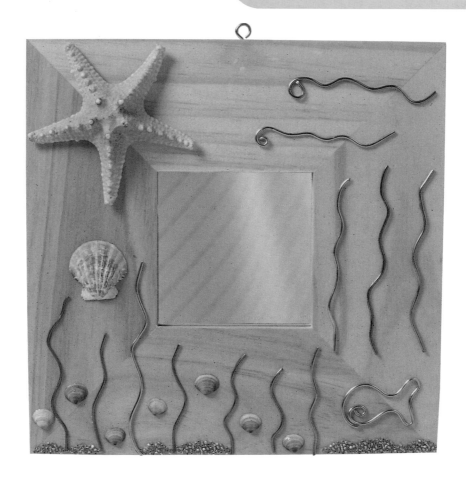

〔26×26〕SIZE/CM

框
Part-2

作法 HOW TO DO

步驟1

折數個長短不一之水草形鋁線。

步驟2

水蛇形鋁線。

步驟3

小魚形鋁線。

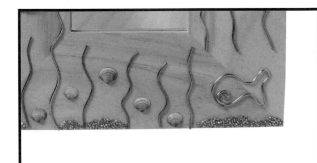

步驟4

框下方上白膠,灑上少許小珠珠,裝飾為海底沙。

步驟5

以AB膠黏上各式貝殼或海星,及海蛇、小魚、水草鋁線。

NO.3

鏡框／相框

Picture frame

框
Part-2

NO.4
鏡框/ 相框

Picture frame

【工具】

木質相框或鏡框　　　1個
貝殼碎片　　　少許
珠珠　　少許

【尺寸】

長：26CM×寬：26CM

〔26×26〕SIZE/CM

註：以白膠塗在框之底部，隨意排列組合貝殼或壓克力片，並粘滿小珠裝飾。

【工具】

木質相框或鏡框　　　1個
壓克力片　　　少許
珠珠　　　　少許

【尺寸】

長：26CM×寬：26CM

〔26×26〕SIZE/CM

註：以白膠塗在框之底部，隨意排列組合貝殼或壓克力片，並粘滿小珠裝飾。

蠟燭台

3

Candle holder

NO.1 *Candle holder*

造型燭台

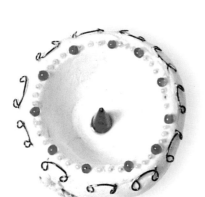

【工具】

超輕粘土(白色) 0.8MM銀線
珠珠 少許
花形黏土珠 3個
圓錐狀珠子 1個(或以鋁線取代)

【尺寸】

高5CM×直徑6.5CM

〔5×直徑6.5〕SIZE/CM

蠟燭台
Part-3

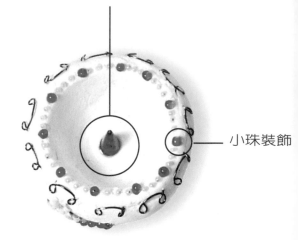

圓錐狀珠子

小珠裝飾

作法 HOW TO DO ➡️

步驟1

以超輕粘土作臺子造型,上方挖空,以便放入蠟蠋.並於中心點插入圓錐狀珠子,作為蠋插。

步驟2 - - - - - - →

以原子筆心為圓軸,用0.8MM銀線繞圈,適度拉開圈圈,剪成一段一段,上白膠插入臺子中。

步驟3

將用以當腳架的大珠子（3個）,上白膠,插入臺子底部,待乾。

步驟4

臺子上端處,以白膠黏上小珠做點綴,待乾。

步驟5 - - - - - →

臺子前方處,以白膠黏上花形黏土珠及小珠做點綴,待乾。

步驟6 - - - - - - →

用0.8MM銀線,折3個輪狀S形,上白膠,插入臺子底部腳架上方處,待乾。

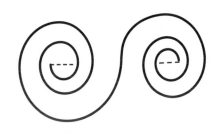

NO.2

造型燭台

Candle holder

蠟燭台
Part-3

tools,materials,size

【工具】
超輕粘土（白色+紅色）
1MM銀線
陶土珠　少許
長管珠　少許

【尺寸】
高6CM×直徑6CM

〔6×直徑6〕SIZE/CM

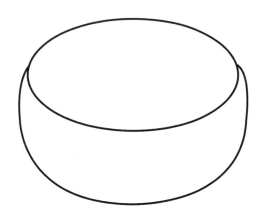

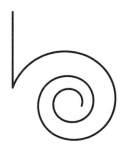

步驟1

以超輕黏土作檯子造型，上方挖
空，以便放入蠟燭。

步驟2

以1mm鋁線，折三根腳，如圖示
，上白膠，插入臺子底部，待乾
。

步驟3

以白膠隨意黏上陶土珠+長管珠
作點綴，待乾。

NO . 3

水中浮燭台

Candle holder

【工具】

1MM鋁線
1.5深藍色鋁線
水蠟　1個
果凍杯/慕斯杯　1個
造型珠及小珠　少許

【尺寸】

高5.5CM×直徑7.5CM

作法 HOW TO DO ➡

步驟1

以果洞杯為圓軸,用1MM鋁線穿入珠子,繞圓,框住杯口。

步驟1

以1.5深藍色鋁線,繞杯腳數圈作裝飾。

步驟1

杯中加入少許小珠,再灌入適量的水,放入蠟燭,即為水中浮蠟。

〔5.5×直徑7.5〕SIZE/CM

NO.4

造型燭台

Candle holder

tools,materials,size

【工具】

1MM金色鋁線
2.5MM金色鋁線
珠珠　少許
寶特瓶蓋　1個
3CM鋼釘　1根

【尺寸】

深：12CM×寬：12CM×高：45CM

〔45×12〕SIZE/CM

蠟燭台
Part-3

作法 HOW TO DO ➡️

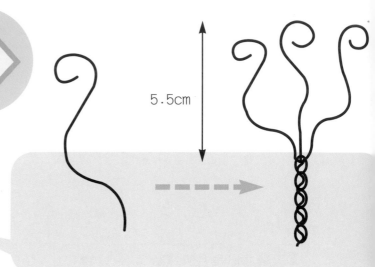

5.5cm

步驟1

以三根2.5MM金色鋁線（各約100CM長），折一曲形9字（如圖示），約5.5CM高，餘線打麻花作為支柱（約為22CM長）。

步驟2

餘線繞折三根腳架（尾端各穿入1顆珠子。腳架高約4.5CM，長7.5CM），如右圖示。另折三根相同腳架（尾端各穿入1顆珠子）與前三根腳架合併為6支腳架，以1MM金色鋁線將底部纏繞固定，用以支撐重量。

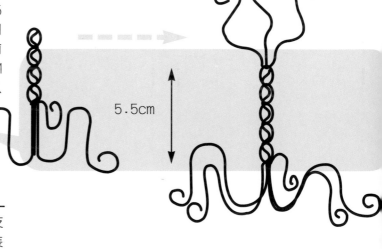

5.5cm

步驟3

以1MM金色鋁線穿入珠子，纏繞支柱，增加重量以維持穩定度及裝飾用。

步驟4

以T字針穿入造型琉璃珠，鉤入蠟臺頂端9字圓圈內。

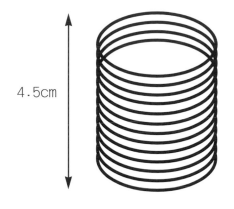

4.5cm

步驟5

以2條1MM金色鋁線,互相纏繞,
繞圓數圈(直徑3.5CM,高4.5CM),
再固定於3根曲形9字中。

步驟6

將3CM鋼釘穿入保特瓶蓋中,再放
入臺子中心。

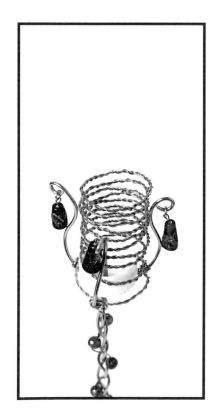

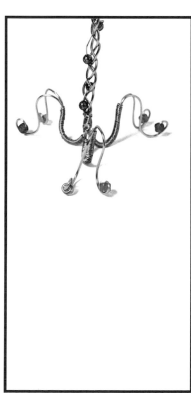

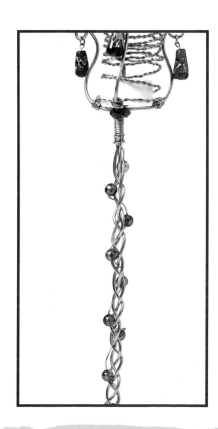

蠟燭台

Part-3

NO.5 *Candle holder*

造型蠟燭

52

tools,materials,size

【工具】
1.5MM 金色鋁線
圓柱形蠟燭　1個
玻璃珠　少許

【尺寸】
高：10CM×直徑：7CM

作法 HOW TO DO ➡

步驟1

隨意折曲線數條,每一條線頭尾
二頭插入蠟燭中,再以AB膠黏貼
玻璃珠於蠟燭上點綴。

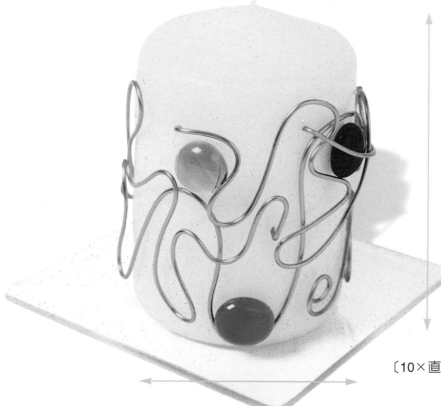

〔10×直徑7〕SIZE/CM

瓶子裝飾

4

Bottles and jars

Cork-board
NO.1

瓶塞裝飾

tools,materials,size

【工具】

1MM 銀線
造型珠　2個
軟木塞　1個

作法 → 用AB膠將2個玻璃珠黏住，並黏
於軟木塞上。

tools,materials,size

【工具】

1MM 銀線
螺旋貝　1個
軟木塞　1個

作法 → 用1MM銀線順著螺旋背紋繞，再
用鑽子在軟木塞上鑽一小洞，用
AB膠將螺旋貝黏於木塞中。

tools,materials,size

【工具】

1MM 銀線
造型珠　2個
軟木塞　1個

作法 → 將1MM 銀線折一9字，穿過2個造
型珠，尾端再折一9字，隨意繞
珠子數圈，再用鑽子在軟木塞上
鑽一小洞，用AB膠將造型珠黏於
木塞上。

Glass with decorative

NO.2

香檳杯裝飾

tools,materials,size

【工具】
1MM　銀線
香檳杯　1個
珠珠　少許

【尺寸範圍】
高6CM×直徑3CM

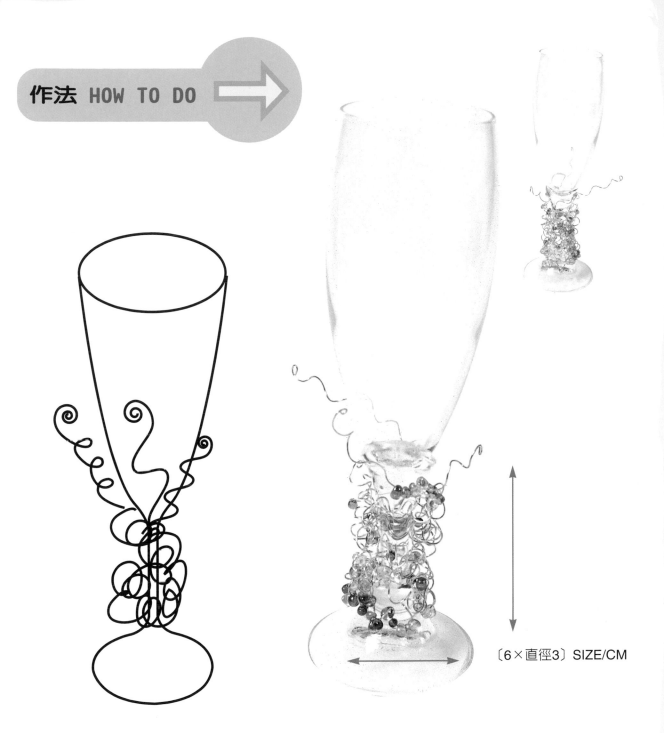

作法 HOW TO DO ⟶

〔6×直徑3〕SIZE/CM

步驟1

以免洗筷為圓軸繞圈,約30~40
圈,長短不一,共3條,並穿入
少許珠子,適度拉開圈圈。

步驟2

三條線互相纏繞於香檳杯腳,並
於上端留下造型鬍鬚。

NO.3

花茶罐裝飾/
萬用罐裝飾

Flower-tea jar

tools,materials,size

【工具】

1.5MM 深粉色鋁線
仿半寶石　4個
密封罐　1個

【尺寸範圍】

深:7CM×寬:10CM×高:12.5CM

作法 HOW TO DO ➡

步驟1

折一小花,並用AB膠黏貼小花及
仿半寶石於罐上。

〔12.5×10〕SIZE/CM

瓶子裝飾
Part-4

NO.4

置物罐

Potholders

tools,materials,size

【工具】

1MM深粉色鋁線

8MM珠珠　8個

小珠　4個

空罐　1個　（直徑約12CM）

彩色包裝繩 ╱ 麻繩 少許

【尺寸範圍】

深:7CM×寬:7CM×高:22CM

〔22×7〕SIZE/CM

作法 HOW TO DO →

步驟1

以保麗龍膠黏上彩色包裝繩於瓶
身及瓶蓋。

步驟2

用深粉色鋁線折2根吊鉤（高約
11CM），並加入珠珠。

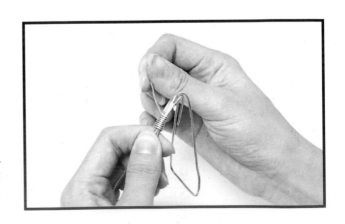

步驟3

再以深粉色鋁線將吊鉤頭尾兩端
纏繞固定，鉤入瓶蓋底部之溝縫
中。

tools,materials,size

【工具】
1.5MM深藍色鋁線
8MM珠珠　1個
空罐　1個
彩色包裝繩/麻繩　少許

【尺寸範圍】
深：7CM×寬：7CM×高：22CM

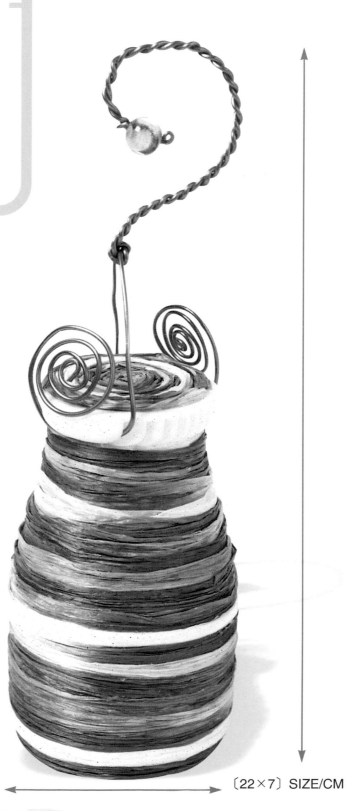

〔22×7〕SIZE/CM

65

作法 HOW TO DO

步驟1

以保麗龍膠黏上彩色包裝繩於瓶身及瓶蓋。

步驟2

用深藍色鋁線折一輪狀S形（約15CM），再彎成像耳機狀。

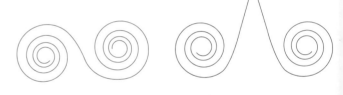

步驟3

再以2根深藍色鋁線互相纏繞，折一?形（高約6CM），前端穿入珠子，尾端鉤住輪狀S形中間凸出處。

步驟4

將輪狀S形兩端鉤入瓶蓋底部之溝縫中。

Potholders

瓶子裝飾

Part-4

tools,materials,size

【工具】

2MM鋁線

仿半寶石　4個

玻璃花瓶/水杯　1個

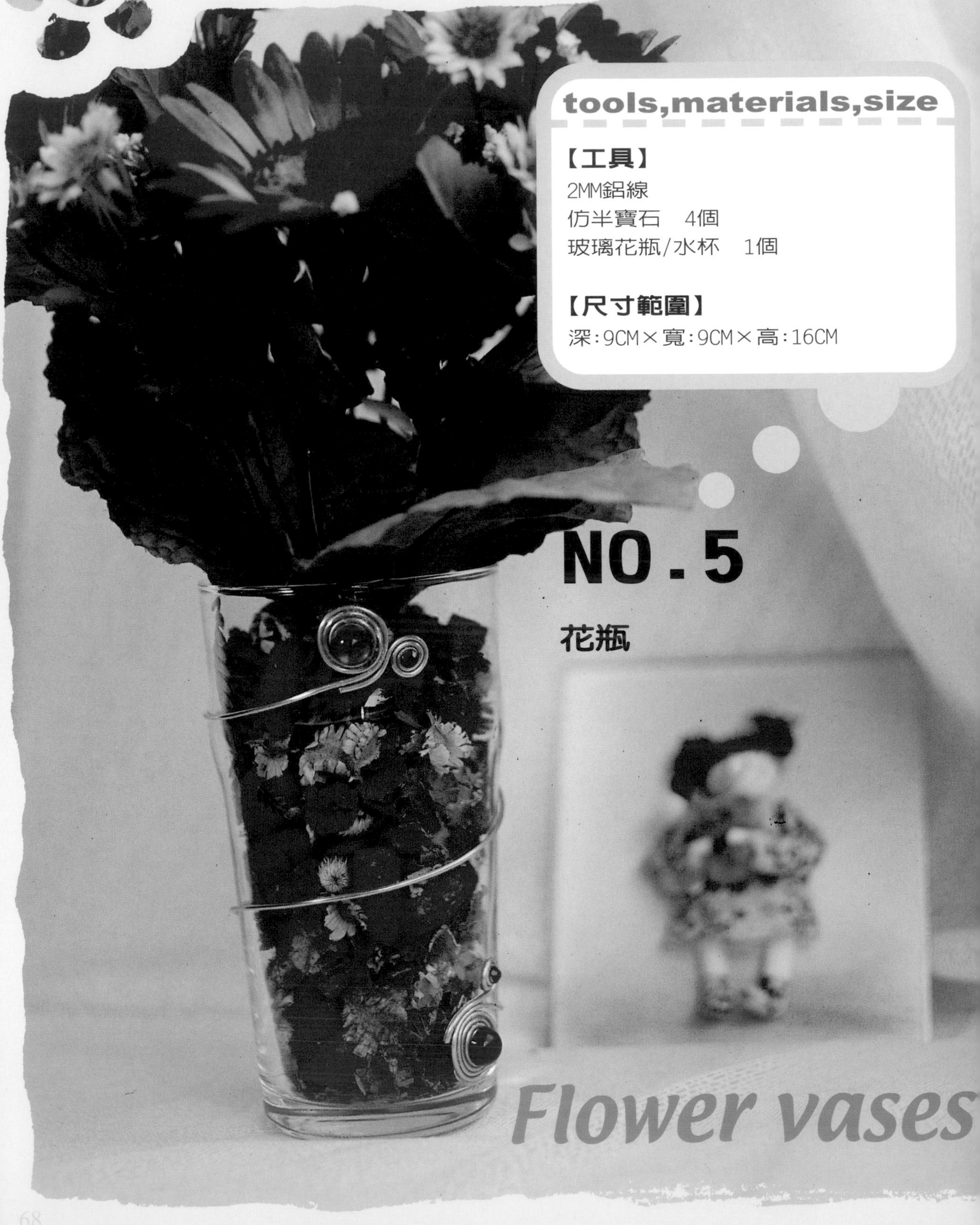

【尺寸範圍】

深:9CM×寬:9CM×高:16CM

NO.5

花瓶

Flower vases

作法 HOW TO DO ➡

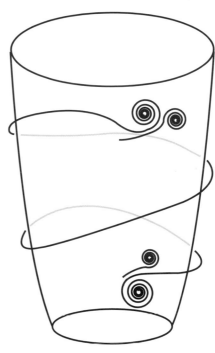

步驟1

以鋁線繞圓5圈，餘線環繞水杯2圈，結尾再繞圓5圈，用AB膠黏貼於水杯。

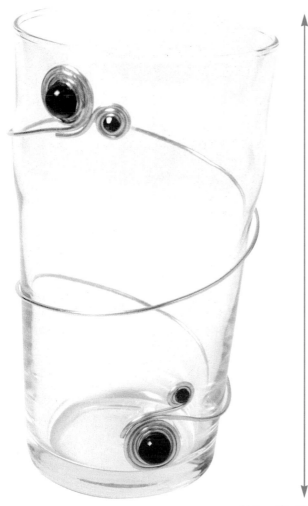

步驟2

另外再繞圓3圈，如蝌蚪狀（如圖示），共2個。同樣以AB膠黏貼於水杯。

步驟3

以AB膠在輪狀圓圈上黏貼上仿半寶石。

〔16×9〕SIZE/CM

Pen and brush holder, flower vases

NO.6

畫筆插/
彩妝筆插/
花瓶

〔16×7〕 SIZE/CM

作法 HOW TO DO ➡

步驟1

將保麗龍膠塗於瓶身,黏上紙黏土,桿勻。

步驟2

再在紙黏土外表塗上一層白膠,貼上壓克力片及長管珠,待乾。

步驟3

最後再噴上亮光漆。

餐用裝飾

5

Docoration in the dining room

 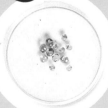  

NO.1

桌上型花瓶籃

Flower vases

tools,materials,size

【工具】
2MM 深藍色鋁線
1MM 鋁線
花瓶/空汽水瓶　1個
珠珠　少許

【尺寸範圍】
深：8M×寬：8CM×高：10CM

〔10×8〕SIZE/CM

作法 **HOW TO DO**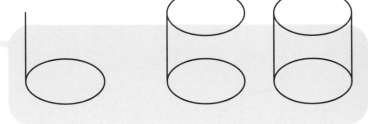

步驟1

用空汽水瓶（直徑約7CM）當圓軸，以2MM淺粉色鋁線繞圓一圈（約大汽水瓶直徑1CM），餘線往上拉（高約10CM），再繞一相同圓圈。餘線再往下拉，連接下方之圓圈。

步驟2

將圓分8等份，作記號，再剪6根2MM淺粉色鋁線（各約16CM長），一一鉤住上下2個圓圈。

步驟3

折4個輪狀S形各約7CM長，以1MM淺粉色鋁線與8根直線纏繞固定，每一個S形中間橫跨1根直線。

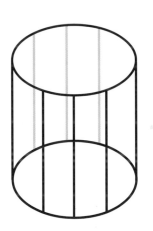

步驟4

以1MM淺粉色鋁線穿入珠珠，繞上方圓圈外緣折鋸齒狀，再以1MM淺粉色鋁線纏繞固定。

步驟5

剪3條2MM淺粉色鋁線（各約為14CM），鉤住下方圓圈當底部。

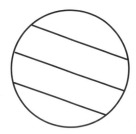

NO.2

桌上型花瓶籃

Flower vases

tools,materials,size

【工具】
2MM 深藍色鋁線
1MM 鋁線
花瓶/空汽水瓶　1個
珠珠　少許

【尺寸範圍】
深：8M×寬：8CM×高：10CM

〔10×8〕SIZE/CM

作法 HOW TO DO ➡

步驟1

瓶架作法同作品NO.1

步驟2

折4個輪狀S形鋁線（約10CM長），
以1MM鋁線纏繞固定，每隔一格
纏繞固定一輪狀S形鋁線。

步驟3

2個輪狀S形鋁線中間空格，以1MM
鋁線穿入珠珠，斜鉤於上下圓
框。

步驟4

剪3條2MM深藍色鋁線（各約為
14CM），鉤住下方圓圈當底部。

P.S.排列組合

加幾個 ⟲⟲ 形或 ⟲⟲ 形亦
可變化成不同形式。

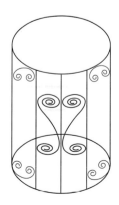 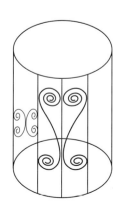  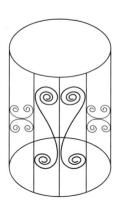

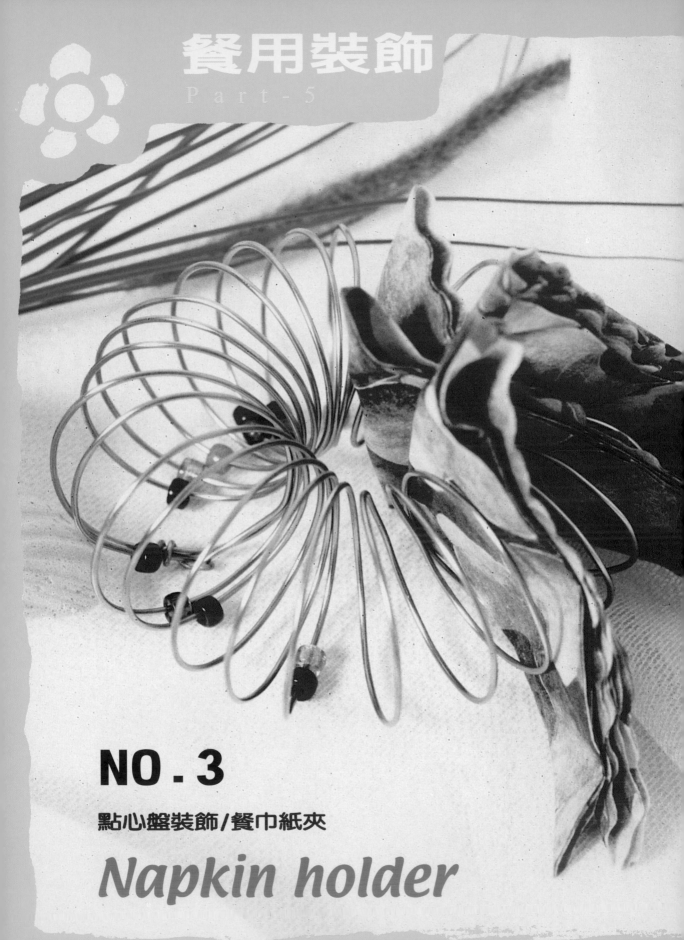

NO.3

點心盤裝飾/餐巾紙夾

Napkin holder

tools,materials,size

【工具】
1.5MM 深粉色鋁線
點心盤　1個（直徑約17CM）

【尺寸範圍】
直徑17CM

作法 HOW TO DO

步驟1

以彩色筆為圓軸，用鋁線繞彩色筆圈（約40圈），適度拉開壓平，頭尾戶鉤成一圓，將小圈圈一前一後夾住點心盤外緣。

〔8×直徑17〕SIZE/CM

NO.4

餐巾紙夾 /
相片夾 /
名片夾 /
便條紙夾

Napkin,picture,
name-card,
message holder

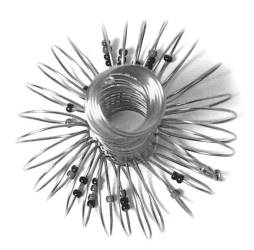

【工具】
2MM 淺粉色鋁線
珠珠　少許

【尺寸範圍】
深：16CM×寬：16CM×高：6.5CM

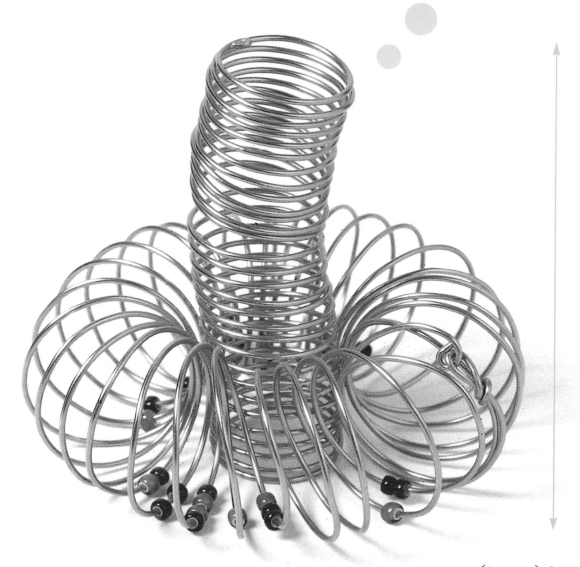

〔6.5×16〕SIZE/CM

message holder

作法 **HOW TO DO** →

步驟1

大圓圈：用塑膠袋紙軸或其他圓柱體（直徑約4.5CM）當圓軸，以鋁線繞圓約28-30圈，加入少許珠珠，於頭尾線戶相纏繞固定成一圓圈。

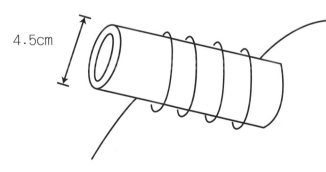

4.5cm

步驟2

小圓圈：用塑膠袋紙軸或其他圓柱體（直徑約3CM）當圓軸，以鋁線繞圓約28-30圈，頭尾線頭折一小圓收尾。

步驟3

以彩色筆為圓軸，用鋁線繞彩色筆圈（約40圈），適度拉開壓平，頭尾戶將直立之小圓圈放入橫向之大圓圈中心，底部加一個盤子或一片玻璃，即可成為很有型的蠟台裝飾.將大小2圓圈拆開，又分別可當餐巾紙夾/相片夾/名片夾/便條紙夾。

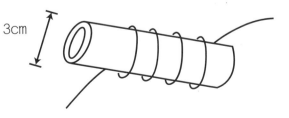

3cm

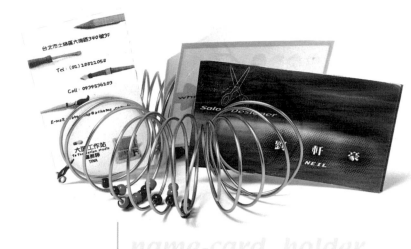

picture holder

candle holder

餐用裝飾
Part-5

NO.5

桌墊裝飾 /
瓶蓋裝飾

Coasters/
Cloth cup-covers

tools,materials,size

【工具】
0.8MM　銀線
蕾絲桌墊/圓形布　　1張
珠珠　少許

【尺寸範圍】
直徑：26.5CM

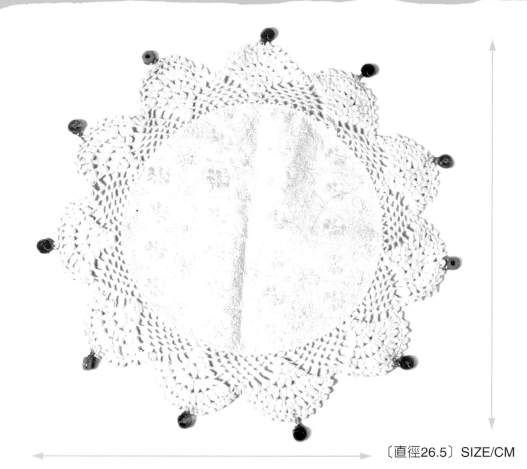

〔直徑26.5〕SIZE/CM

作法 HOW TO DO →

步驟1

珠珠纏繞方法：先折一9字，繞珠子外圍2/3圈，穿入珠子洞內到背面，再回繞9字一圈結尾。

步驟2

將纏繞在珠珠頂端之9字頭用尖嘴鉗打開，一個一個鉤入蕾絲邊緣．日後亦可拆開，以便清洗蕾絲布。

87

餐用裝飾
Part-5

Coasters/
Cloth cup-covers

NO . 6

桌墊裝飾 /
瓶蓋裝飾

tools,materials,size

【工具】
0.8MM　銀線
蕾絲桌墊/圓形布　　1張
珠珠　少許

【尺寸範圍】
直徑：21CM

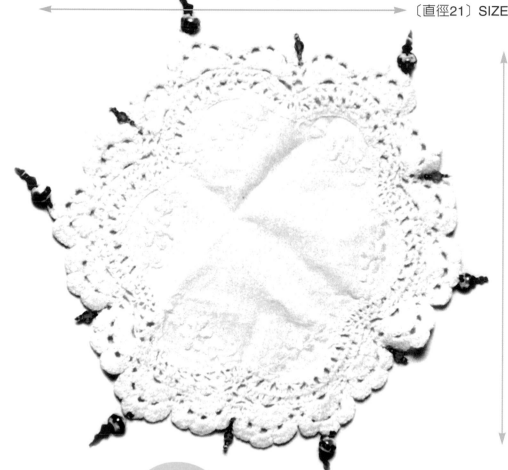

〔直徑21〕SIZE/CM

作法 HOW TO DO ➡️

步驟1

隨意按個人喜好之顏色，或手邊
即有之珠珠，用縫線將珠珠一一
穿入，再縫進蕾絲邊緣，因製作
容易，時間很少，結尾可打死
結，日後如要清洗蕾絲布，可剪
掉珠珠裝飾，蕾絲布洗畢再重
縫，或可結尾打一活動的蝴蝶
結，以便日後拆卸清洗。

排列組合

1.
　　　琉璃8mm
　　　水晶算珠5mm
　　　小珠
　　　貓眼3mm
　　　小珠

2.
　　　小珠
　　　小珠
　　　水晶圓珠　5mm
　　　小珠
　　　小珠

89

飾品

5

Decorative items

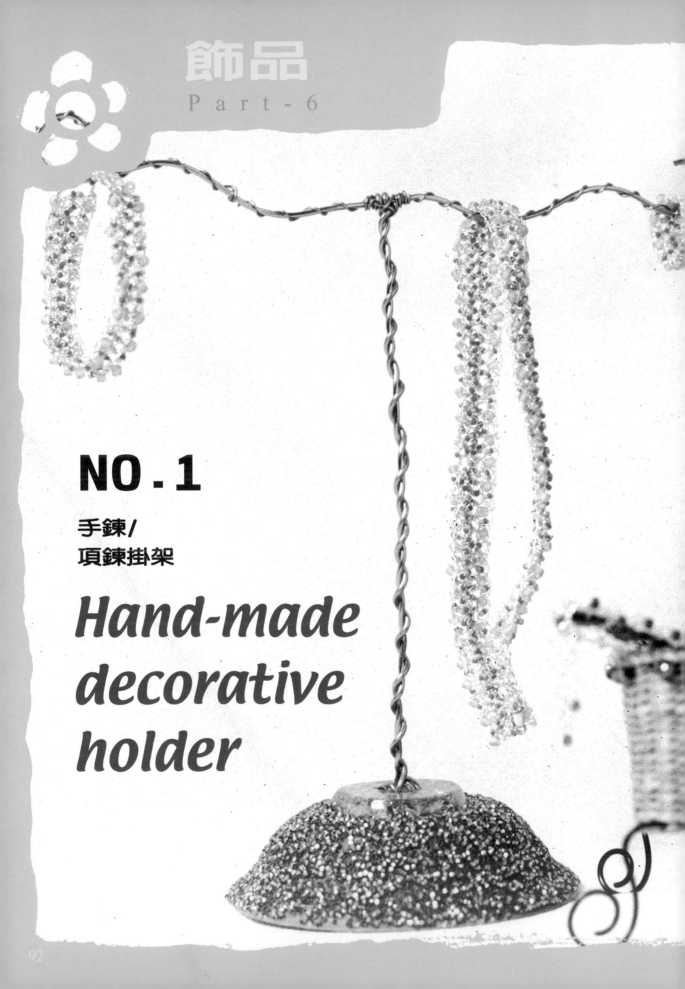

NO.1

手鍊/
項鍊掛架

Hand-made decorative holder

【工具】

MM 金色鋁線

1MM金色鋁線

紙製免洗碗　1個

鈕釦　1個

棉紙　30X 30CM

珠珠　少許

【尺寸範圍】

深：12CM×寬：24CM×高：30CM

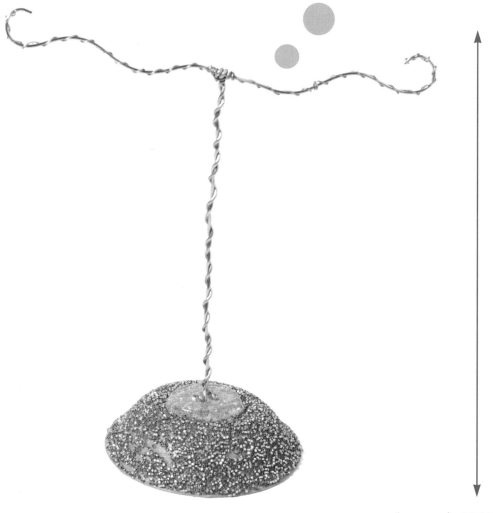

〔30×24〕SIZE/CM

飾品
Part-6

步驟1

以2MM金色鋁線折一波浪狀牛角（如圖示），再以1MM金色鋁線纏繞裝飾。

步驟2

用棉紙將免洗碗貼住。

步驟3

以2條2MM金色鋁線互相纏繞，上端接連波浪狀牛角，下端穿過鈕釦洞洞，再穿過免洗碗收尾。

步驟4

在棉紙上塗上厚厚一層白膠，灑上珠珠，待乾。

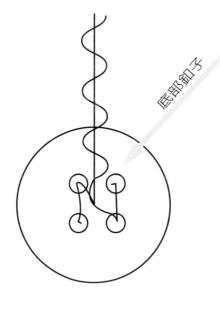

底部鈕子

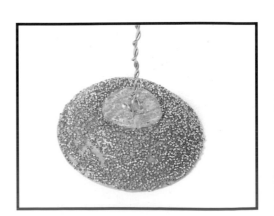

Hand-made decorative basket

NO. 2

飾品置物籃

飾品
Part-6

tools,materials,size

【工具】
2MM深咖啡色鋁線
1MM深咖啡色鋁線
草編/藤編/竹編籃　　1個
（約深：9CM,寬：14CM,高：6CM）
裝飾用珠珠　　少許

【尺寸範圍】
深：10CM×寬：16CM×高：10CM

wicker basket

〔10×16〕SIZE/C

作法 HOW TO DO →

步驟1

以2MM深咖啡色鋁線先折一S形腳
（如圖示），高約4CM，餘線穿入籃
子邊角，將線拉到另一端，穿出籃
子外，再折另外相同一腳（左右兩
端的腳作法相同）。

步驟2

以1MM深咖啡色鋁線加入珠珠穿
入籃子邊框。

NO.3

燈罩/風鈴/
耶誕掛飾

Wind-bells

NO.4

手搖鈴/風鈴
/耶誕掛飾

Wind-bells

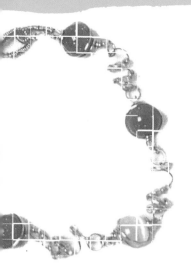

【工具】

2MM 金色鋁線
1MM 金色鋁線
0.5MM銅線
仿琥珀　少許
小珠　少許
圓珠　少許

【尺寸範圍】

高：18CM

〔18〕 SIZE/CM

飾品
Part-6

作法 HOW TO DO

步驟1

1. 以6cm左右之圓棒作為軸，繞圓圈數圈（6-8圈）。
2. 用手調整圓圈大小（漸層由大而小），尾端作一9字狀結尾，頂端則作一大的9字鉤。

①

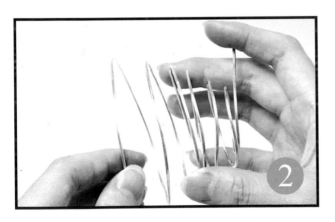
②

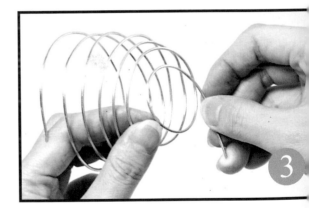
③

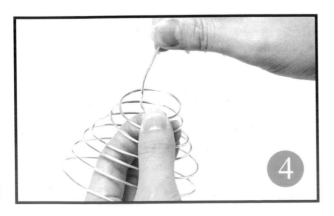
④

⑤

步驟2

由上方洞口先折一9字,到下方洞
口再折一9字,繞到背面再回繞上
方字一圈,最後繞到下方9字結尾
由上方洞口先折一9字,穿珠到下
方洞口,再折一9字,現順勢繞珠
子2-3圈,繞到上方9字收尾。

步驟3

圓珠纏繞方法:由上方洞口先折
一9字,穿珠到下方洞口,再折一9
字,線往上繞上方9字一圈,到背
面,往下繞下方9字一圈收尾。

步驟4

排列組合 :

琥　小　琥　小　圓　小
珀　珠　珀　珠　珠　珠

步驟5

用0.5MM銅線將珠珠一一纏繞掛
上罩子上。

〔18〕SIZE/CM

tools,materials,size

【工具】

2MM 鋁線

1MM 鋁線

1.5MM 深藍色鋁線

鈴鐺　1個

小珠　少許

圓珠　少許

【尺寸範圍】

高:18CM

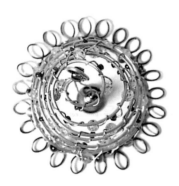

作法 HOW TO DO →

步驟1

罩子做法同NO.3

步驟2

排列組合：1個大圓珠+1個小圓珠。

步驟3

用1MM鋁線將珠珠一一纏繞掛上罩子上。

步驟4

底座外緣圈圈：

以彩色筆為圓軸，用鋁線繞彩色筆圈（約40圈），適度拉開壓平，適度拉開，頭尾互鉤成一圓。再以1MM鋁線將之與罩子底部互纏固定。

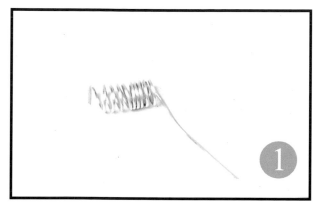

1

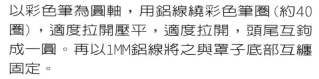
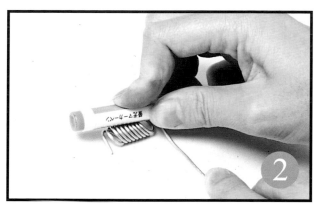

2

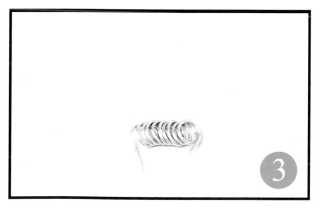

3

4

步驟5

用文化線或魚線一端綁上鈴鐺，一端綁在罩子上方。

NO.5

耳環掛架

Hand-made decorative holder

tools,materials,size

【工具】
5MM鋁線
石頭　1顆
珠珠　少許

【尺寸】
深:6CM×寬:4CM×高:14CM

〔14×4〕SIZE/CM

飾品
Part-6

作法 **HOW TO DO** ⟹

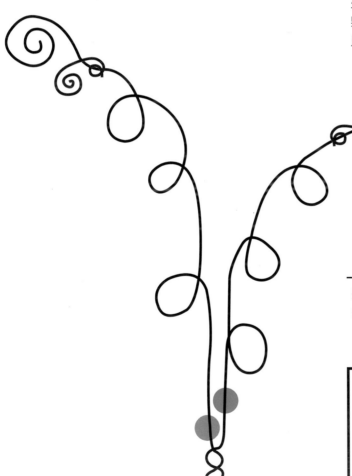

步驟1

如圖示繞鋁線2根,尾端各穿入1顆珠子 (可另外加入輪狀鋁線,以求多變化),由上往下折。

步驟2

將2根纏繞一起,再加入珠子,鋁線以平行方式繞時頭底部以平衡(石頭上方纏繞方式隨意繞)。

耳環架

Earring holder

NO.6

置飾品架

Decorative holder

tools,materials,size

【工具】
2MM　淺綠色天線
1MM　鋁線
容器/扇貝　1個
珠珠　少許

【尺寸】
深：11M×寬：11CM×高：16CM

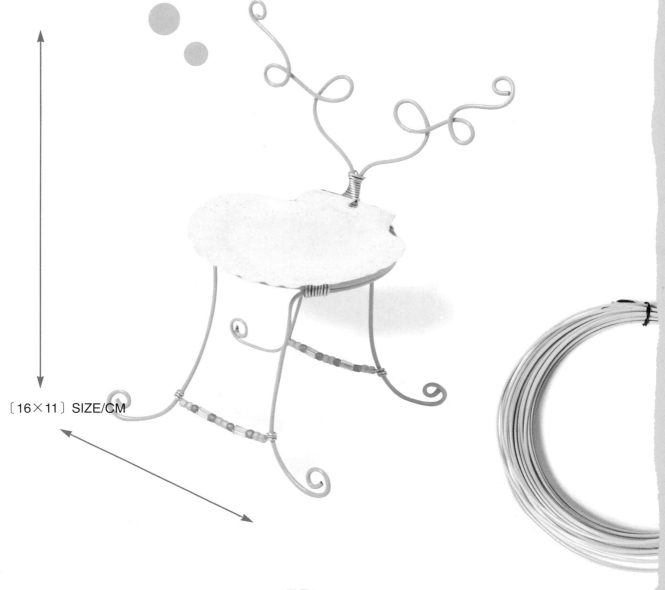

〔16×11〕SIZE/CM

109

飾品
Part-6

作法 HOW TO DO ➡

步驟1

椅背：長約100CM，由左邊或右邊椅背開始折，再繞椅座，以容器當圓軸繞圓（直徑約7.5CM），再折另一邊椅背。（亦可先繞椅座再折椅背）。

步驟2

椅腳：繞椅座圓2/3圈，分開之兩端線頭個折一椅腳，再以1MM鋁線將兩個椅座圓框纏繞固定，另外再折2隻椅腳與座框相接連。

步驟3

兩隻前腳以1MM鋁線穿入珠子接連作為椅橫，後腳作法相同。

步驟4

放入容器於椅座中（以扇貝或布丁盒、奶酪盒取代）。

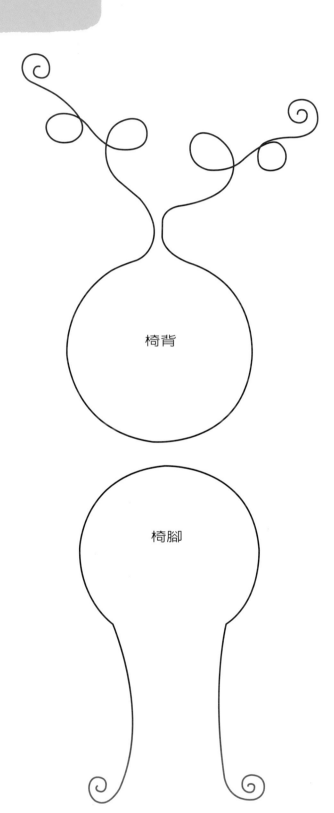

椅背

椅腳

Hand-made decorative holder

首飾架

休閒手工藝系列 ③

珠珠生活裝飾

定價：375元

出 版 者：新形象出版事業有限公司
負 責 人：陳偉賢
地 　 址：台北縣中和市中和路322號8F之1
電 　 話：2920-7133・2927-8446
F 　 A 　 X：2929-0713

編 著 者：吳素芬
總 策 劃：陳偉賢
執 行 編 輯：吳素芬、黃筱晴
電 腦 美 編：黃筱晴
封 面 設 計：黃筱晴

總 代 理：北星圖書事業股份有限公司
地 　 址：台北縣永和市中正路462號5F
門 　 市：北星圖書事業股份有限公司
地 　 址：台北縣永和市中正路498號
電 　 話：2922-9000
F 　 A 　 X：2922-9041
網 　 址：www.nsbooks.com.tw
郵 　 撥：0544500-7北星圖書帳戶
印 刷 所：利林印刷股份有限公司
製 版 所：菘展彩色印刷製版有限公司

行政院新聞局出版事業登記證／局版台業字第3928號
經濟部公司執照／76建三辛字第214743號

國家圖書館出版品預行編目資料

珠珠生活裝飾／吳素芬編著。--第一版。--
臺北縣中和市：新形象 ，2002〔民91〕
　　面；　　公分。--（休閒手工藝系列；3）
　ISBN 957-2035-33-9（平裝）

　1.裝飾品

426.4　　　　　　　　　　　　91009324

西元2002年6月　　第一版第一刷